鹿児島大学島嶼研ブックレット

1

TOUSHOKEN BOOKLET

鹿児島の離島のおじゃま虫

野田伸一 著

NODA Shinichi

● 目　次 ●

鹿児島の離島のおじゃま虫

Medically Important Animals in Islands of Kagoshima

NODA Shinichi

I　はじめに

寄生虫というとどのようなイメージが浮かびますか。SF映画に出てくる気持ち悪いエイリアン、寄生生物と共生することになった高校生の数奇な運命を描いた寄生獣[1]、それとも小学生の時に配布された蟯虫《ぎょうちゅう》の検査キットでしょうか。私の研究の対象はこの寄生虫なのです。私は寄生虫に寄生して生きてきたと言えないこともありません。人以外の生物が人に寄生する病気が感染症です。冬に猛威をふるうインフルエンザやノロウイルスも身近な感染症です。感染症の原因となる生物はいろいろで、ウイルスや細菌を対象とするのが微生物学で、原虫、線虫、吸虫、条虫を対象とするのが寄生虫学です。寄生虫の中には回虫や条虫のように目に見える大きさのものがいることから、ウイルスや細菌よりも悪者と思われがちです。寄生虫を弁護するわけではないのですが、ほとんどの寄生虫は重い症状を引き起こしたり、宿主の命を奪うようなことはありません。寄生虫が宿主を殺せば、子孫を残すことができないだけでなく、自身の命も尽きることにな

1　岩明均による漫画作品で、二〇一四年に映画化され話題となった。

ります。寄生虫は宿主からわずかの栄養を横取りして、ひっそりと過ごしているのです。

寄生虫は他の生物に寄生するから寄生虫と呼ばれるのですが、生物が他の生物内に侵入し、発育し、そして子孫を残すというのはとても不思議な現象です。腸管内に寄生し、生み出された虫卵が糞便とともに体外に出るのは当然ですが、組織内に寄生する場合でも、外界に虫卵が出ます。人の肺に寄生する肺吸虫や血管に寄生する住血吸虫は、子孫となる虫卵を組織や血管内から外界に送り出すことができます。また、寄生虫は宿主が排除しようとする免疫反応から逃れる対策も講じなければなりません。寄生虫の中には成虫が寄生する宿主に到達する前に、他の生物（中間宿主）を経由しなければならないものがあります。中間宿主には寄生虫の幼生が寄生し、二つ以上の中間宿主を持つ場合もあります。鹿児島でも患者が発生しているウエステルマン肺吸虫では、第1中間宿主がカワニナ、第2中間宿主がモクズガニやサワガニです。外界に出た虫卵が水に入ると幼生が孵化します。この幼生は泳いで第1中間宿主のカワニナを見つけて侵入し、カワニナ内で増殖した幼生は第2中間宿主のカニ類に侵入し、このカニ類が終宿主に食べられて、やっと長い旅が終わります。幼生はどのようにして中間宿主を探すのでしょうか、終宿主である人などに到達できる確率はどの程度なのでしょうか。終宿主に侵入してからも新たな旅が始まり、腸管から肺に移動しなければなりません。寄生虫には特定の組織に寄生するという性質があります。

寄生虫というという悪者は、研究対象の生物としてはとても不思議な生き方と想像できないほどの多彩な能力を備えた魅力的な存在です。

第二次世界大戦後の日本は寄生虫天国と呼ばれるほど、全国に寄生虫病が蔓延していました。現在は専用の容器が使用されていますが、私の子供の頃は寄生虫感染の検査では便をマッチ箱に入れて学校に持って行きました。しかし、寄生虫対策が実施され、生活環境の改善によって多くの寄生虫病が克服されました。ところが、新顔の寄生虫が出現し、克服されたと思われていた寄生虫が復活しているのです。新顔の寄生虫は有機農法、食物の多様化、ペット飼育などにより、動物の寄生虫が人に感染するのです。動物の寄生虫はこれまで人に寄生したことがないので、前に述べたような平和的な寄生というわけにはいきません。動物の寄生虫が人に侵入した場合には、その幼虫が臓器や組織の中に留まり、あるいは移動して、重い症状を引き起こす場合があり、これらは幼虫移行症と呼ばれます。この場合、寄生虫は人体内では成虫まで発育することができず、虫卵や子虫を産むことがないために、通常の検査法では診断が困難になってしまいます。幼虫移行症の例として、アニサキス、イヌ回虫、イヌ糸状虫、顎口虫《がっこうちゅう》、ブタ回虫、広東住血線虫などがあります。本書では南西諸島や本土の港湾部に侵入分布し、人に感染すると好酸球性髄膜脳炎[2]を引き起こす広東住血線虫について紹介します。

寄生虫の研究者が衛生動物と呼ばれる生物も対象とする場合もあります。マラリアやフィラリアのような寄生虫を伝播する蚊などの媒介生物、人の体表に寄生して吸血するダニなどの外部寄生虫、さらに毒蛇などのような人に直接危害を与える生物などを対象とするのが衛生動物学です。寄生虫学と衛生動物学をまとめて医動物学と呼ぶことがあります。以前は生活の場にいろんな虫がいるのが普通でしたが、生活環境が良くなったために、虫と出会う機会が少なくなりました。最近は、人に害を与えることがない虫までも苦情が衛生関係の機関に寄せられるようになってしまいました。私の所にもいろんな虫の相談が持ち込まれます。これらは不快害虫と呼ばれ、カメムシ、ホシチョウバエ、ユスリカなどが代表的なものです。学校の給食に虫が入っていたりすると、大騒ぎになります。昔なら、先生は箸でよけて食べなさいと言ったでしょう。鹿児島県の島嶼地域には汚染されていない自然環境が残されており、そのような川や海岸が人を吸血する昆虫の発生源となっています。本書では、鹿児島県の離島で人を激しく襲って吸血するアシマダラブユやトクナガクロヌカカについても解説します。

---

2 髄液中に白血球の一種である好酸球が増加して起こる髄膜炎を伴う脳炎。

Ⅱ　広東住血線虫とアフリカマイマイ

1　広東住血線虫

鹿児島県本土と島嶼域で問題となる幼虫移行症の代表的なものとして広東住血線虫があります。広東住血線虫はネズミ類の寄生虫で、中間宿主はマイマイやナメクジ類です（図1）。人への感染は幼虫を宿したマイマイやナメクジ類を口から取り込むか、これらを食べたカエルやエビなどを生で食べることで起こります。マイマイやナメクジ類は食べることはないと思われるでしょうが、鹿児島で発生した症例では患者さんがナメクジを民間療法として飲み込んでいました。小さなマイマイやナメクジ類が野菜サラダに潜んでいる可能性もあります。人に感染すると好酸球性髄膜脳炎を引き起こします。広東住血線虫の成虫はネズミ類の肺動脈内に寄生しています。終宿主となるネズミ類の肺動脈内で産卵されると肺の毛細血管に詰まり、約1週間で卵内に幼虫が形成され、孵化して肺胞内に脱出します。幼虫は気管、食道、胃、腸を経て糞と一緒に排出されます。この幼虫は中間宿主となるマイマイやナメクジ類に経口または経皮的に侵入し、筋肉内に集

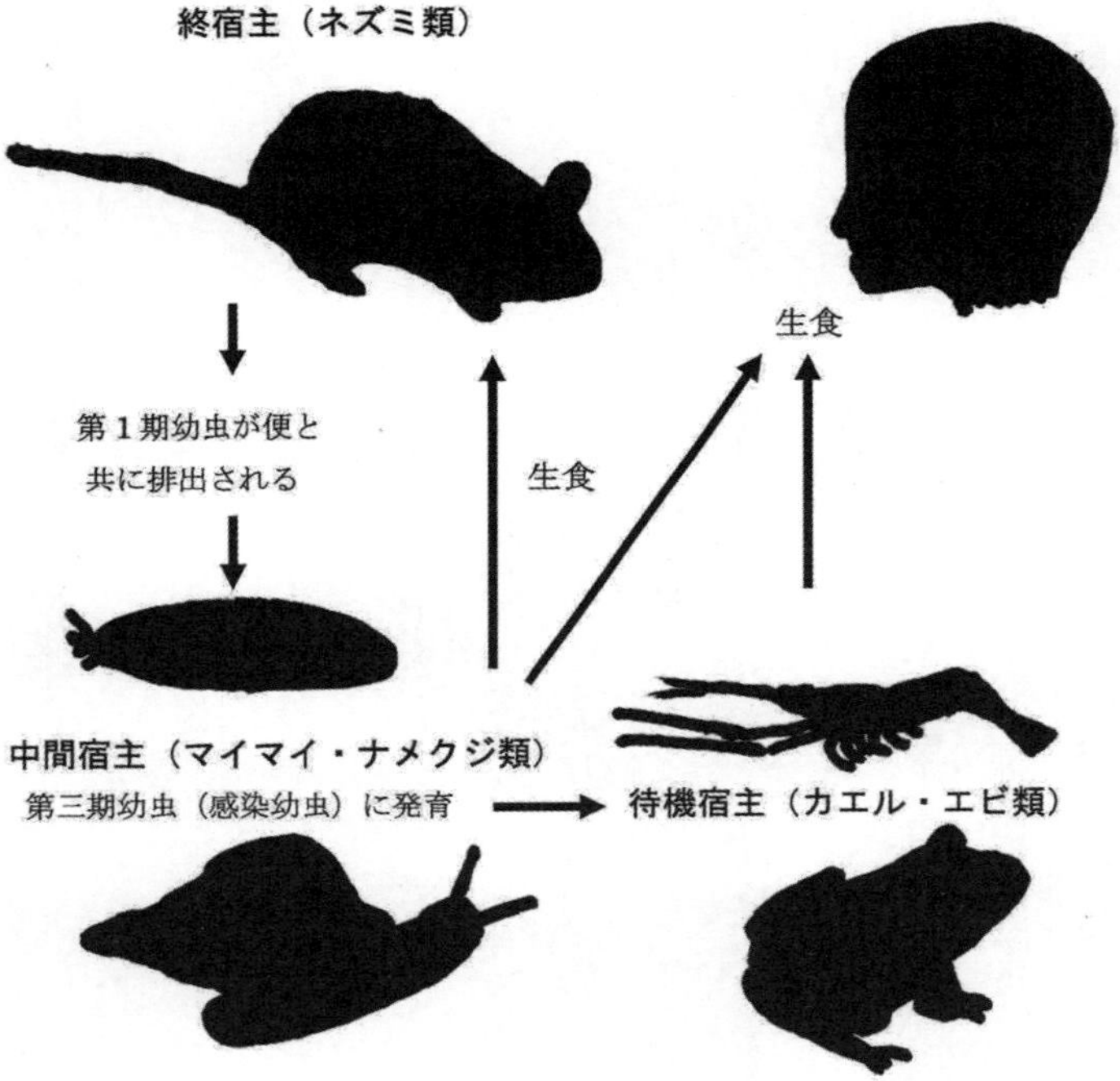

図１　広東住血線虫の生活史

まり、約2週間で第3期幼虫となります。ネズミ類に中間宿主が食べられると、幼虫は宿主の消化管壁を通過し、門脈、肝臓、心臓、肺を経て大循環に入ります。そこで幼虫は脳に集まり2回脱皮して第5期幼若成虫となり、クモ膜下静脈に、ついで脳の静脈を経て再び心臓にもどり、肺動脈を最終の寄生場所とし、感染後約1・5ヶ月で成熟成虫となります。

広東住血線虫がネズミ類に寄生しても重い症状は出ないのですが、人に寄生した場合にはクモ膜下腔で発育を停止し、第5期幼若成虫は中枢神経系（脳実質、クモ膜下腔、脊髄など）に留まり重い症状を引き起こします。通常、突発的に発症し、頭蓋内圧の上昇に伴う一般脳症状と髄膜刺激症状が特徴的です。さらに脳実質障害による脳局所症状が発現します。発病初期には激しい頭痛、嘔吐、発熱があり、嗜眠・昏睡など様々な意識障害が現れます。さらに異常知覚、四肢無力感、筋攣縮、脳運動神経麻痺や末梢運動神経麻痺による複視、斜視、眼筋麻痺、顔面麻痺や四肢麻痺なども生じます。本症の予後は一般的に良好で死亡することはほとんどないのですが、ときに知的障害、視神経委縮、四肢不完全麻痺などの後遺症を残すことがあります。

広東住血線虫は極東、東南アジア、オーストラリア、太平洋諸島、アフリカ、インド、インド洋の島々、カリブ海の島々、北米などに広く分布し、主としてネズミ類が船舶の荷物などと一緒に運ばれることで分布が拡大したと考えられています。世界的には一九九二年までに約２５００例の人体症例が報告され、日本における人体症例はこれまでに少なくとも54例（二〇〇三年八月現在）があり、鹿児島県でも2例が報告されています。これらを詳しくみると、沖縄県が少なくとも33例、本土が21例であり、この21例のうち15例、すなわち、静岡、神奈川、鹿児島の各2例、島根、徳島、高知、東京、大阪の各1例は本土での感染と考えられています。一方、本土の残りの6例のうち、北海道、東京、福岡、京都の4例は沖縄での感染と考えられ、他に、台湾とインドネシアで感染した症例が各1例あります。感染源については、アフリカマイマイが原因と考えられるもの15例（沖縄14例、インドネシア1例）、アジアヒキガエルに起因するもの2例（沖縄2例）、ナメクジが感染源と考えられるもの7例（沖縄、静岡各3例、鹿児島1例）であり、残りは感染源不明です。

2　アフリカマイマイ

アフリカマイマイは腹足鋼、柄眼目、アフリカマイマイ科の陸産の巻貝です（写真１）。アフリカマイマイの名の通り東アフリカが原産地で、人為的に分布が広げられ、東南アジア、インド洋や太平洋の島嶼域（モーリシャス、スリランカ、台湾、ハワイ、タヒチ）、西インド諸島、カリブ海沿岸地域の熱帯地方に広く分布しています。日本では小笠原諸島と奄美大島以南の島に分布しているのですが、このアフリカマイマイが二〇〇七年に指宿市東方と出水市高尾野町で相次いで発見されました。鹿児島県によって調査と駆除作業が行われましたが、どのようにして侵入したのか、どのくらいの個体数が生息しているのかは明らかになっていません。気温の関係で鹿児島本土には定着できないと考えられていたのですが、地球温暖化の影響で本土にも定着している可能性も否定できません。

　アフリカマイマイの発見が大きく取り上げられた理由は、広東住

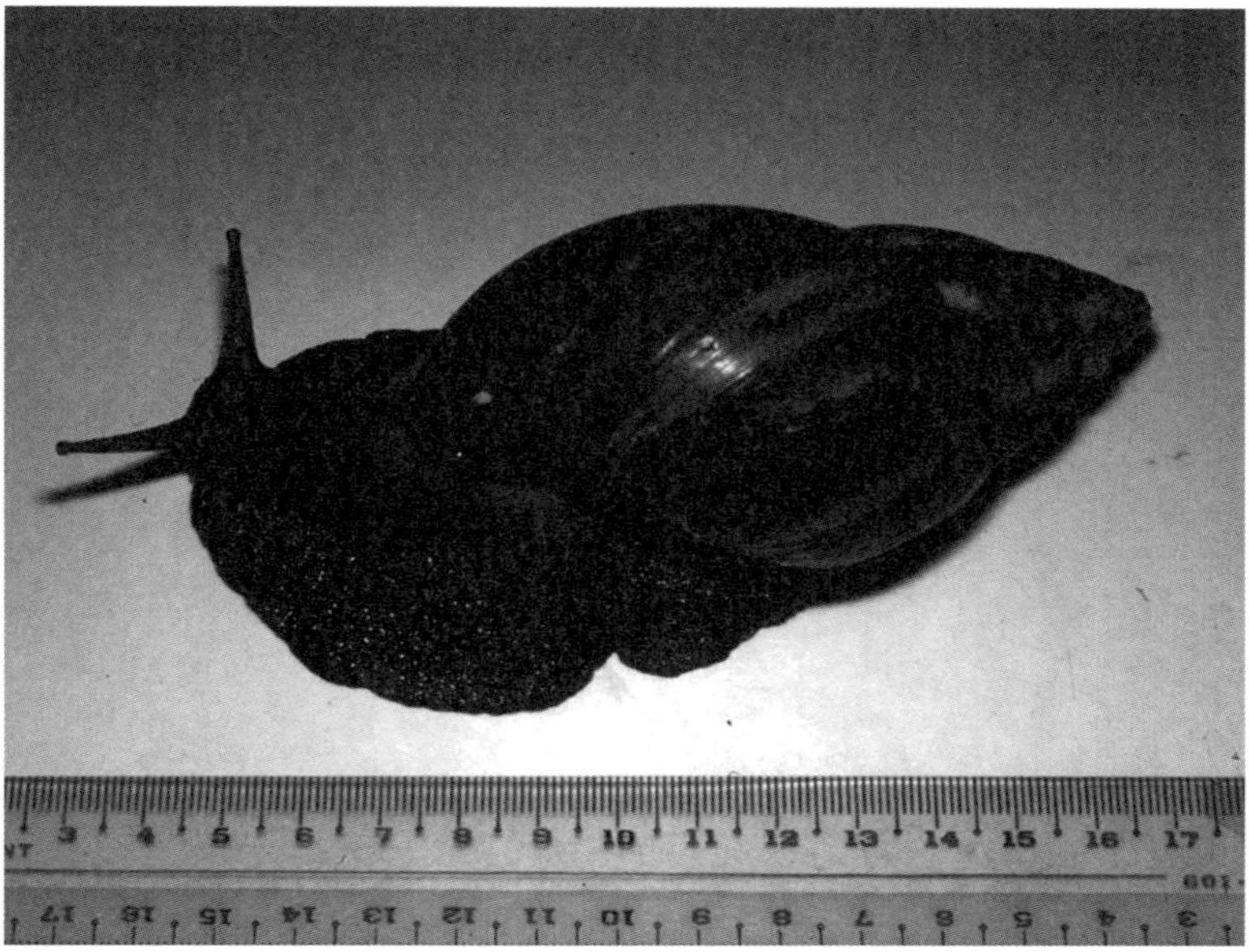

写真１　アフリカマイマイ（与論島）

血線虫が人に感染して好酸球性髄膜脳炎を引き起こす以外に、野菜類をはじめ多くの農作物に著しい食害を与える農業害虫だからです。植物防疫法で有害動物として指定され、生息域からの持ち込みは禁止されています。また、外来生物法で要注意外来生物に指定されており、国際自然保護連合により世界の侵略的外来種ワースト１００のリストにも含まれています。日本へは一九三二年、シンガポールから台湾に意図的に持ち込まれた12匹が起源となり、沖縄県に食用目的で導入され、一九四五年以降野外でも定着しました。同様の経過をたどった生物としてスクミリンゴガイ（別名：ジャンボタニシ）があります。本種も広東住血線虫の中間宿主になります。食用と農業の副業として台湾から導入して養殖されましたが、需要が少なく、廃棄された養殖場から逃げ出したものが野生化し、関東以南に広く分布するようになりました。水田に生息してイネを食害します。鹿児島大学内の排水溝に生息し、赤い卵塊がコンクリート壁に見られた時期がありました。日本各地でペットとして持ち込まれた外来生物が逃げ出したり、飼い主が放すことによって、在来種に影響を与えていることが問題になっています。アフリカマイマイやスクミリンゴガイも人の無責任な行動によって広がってしまいました。アフリカマイマイを研究対象としていた私は、アフリカマイマイが食用として持ち込まれたことを知り、研究者としての好奇心から奄美大島で捕獲したアフリカマイマイを加熱調理して食べてみました。同じ軟体動物のサザエのような味を期待していたのですが、その身はとても固くて味がなく、商品にならなかったことに納得しました。私が住血吸虫対策のために西アフリカのガーナを訪れた時に、市場で多数のアフリカマイマイが売られているのを見かけました（写真2）。売っていた女性は逃げ出すアフリカマイマイを元の山に戻しながら、スープにすると美味しいと説明してくれました。

3　アフリカマイマイの生態

アフリカマイマイは雌雄同体で、

写真２　西アフリカのガーナの市場で売られているアフリカマイマイ

２匹が交尾すると両者が産卵することができます。産卵間隔が短く、また産卵数が多いので繁殖力に優れています。侵入して、分布が広がると完全な駆除は困難です。奄美大島でアフリカマイマイの産卵や成長を観察しました。様々な殻長のアフリカマイマイを潰したところ、４・９㎝以下の個体で卵を持った個体はなく、５㎝以上が成熟個体であることが分かりました。アリカマイマイは2~５㎝の土の中に１００～４００個を産卵します。産卵後６～８日目に孵化し、卵殻を食べながら7~26日間土の中に留まります。孵化時の殻長は約０・５㎝で、２ヶ月で約１・7㎝に成長します。さらに4ヶ月ほどで5~7㎝に達し、それ以後、殻長はほとんど増加しませんでした。したがって、６ヶ月で産卵できる成貝まで成長することができるということです。成貝が卵を持っている率は、七月には50％に達し、8~9月は３・5％に低下、十一~十二月には再び16・３％に増加、十二~一月には卵を持つ個体はありませんでした。冬季を除いて、産卵が行われていることが分かりました。

４　奄美諸島における広東住血線虫

広東住血線虫の主要な中間宿主アフリカマイマイが生息している与論島、沖永良部島、徳之島、奄美大島、加計呂麻島およびアフリカマイマイが生息していない鹿児島市と枕崎市で広東住血線虫の分布調査を実施しました。広東住血線虫の終宿主となるネズミ類の捕獲はバネ板式トラップ（パチンコ）（写真３）を用い、捕獲されたネズミ類の心・肺動脈内および頭蓋・脳内を精査して成虫および幼若成虫の検出をおこないました（写真４）。検出された第３期幼虫は確認のために一部をラットに投与し、８週間後に成虫の回収をしました。

　与論島ではネズミ類・食虫類はクマネズミ95匹、ドブネズミ36匹、リュウキュウジャコウネズミ162匹およびワタセジネズ

写真３　バネ板式トラップで捕獲されたクマネズミ

ミ1匹の４種２９４匹について検査し、クマネズミ26匹（27％）とドブネズミ12匹（33％）から広東住血線虫が検出されました。アフリカマイマイ１１４５個体について検査し、３４２個体（30％）から広東住血の線虫３期幼虫が検出されました。28調査区のうちネズミ類からは17調査区で、アフリカマイマイからは27調査区で広東住血線虫が検出され、両者の検査成績を合わせると、28全調査区で広東住血線虫が検出されました。与論島では全島的に高濃度で分布・定着していることが分かりま

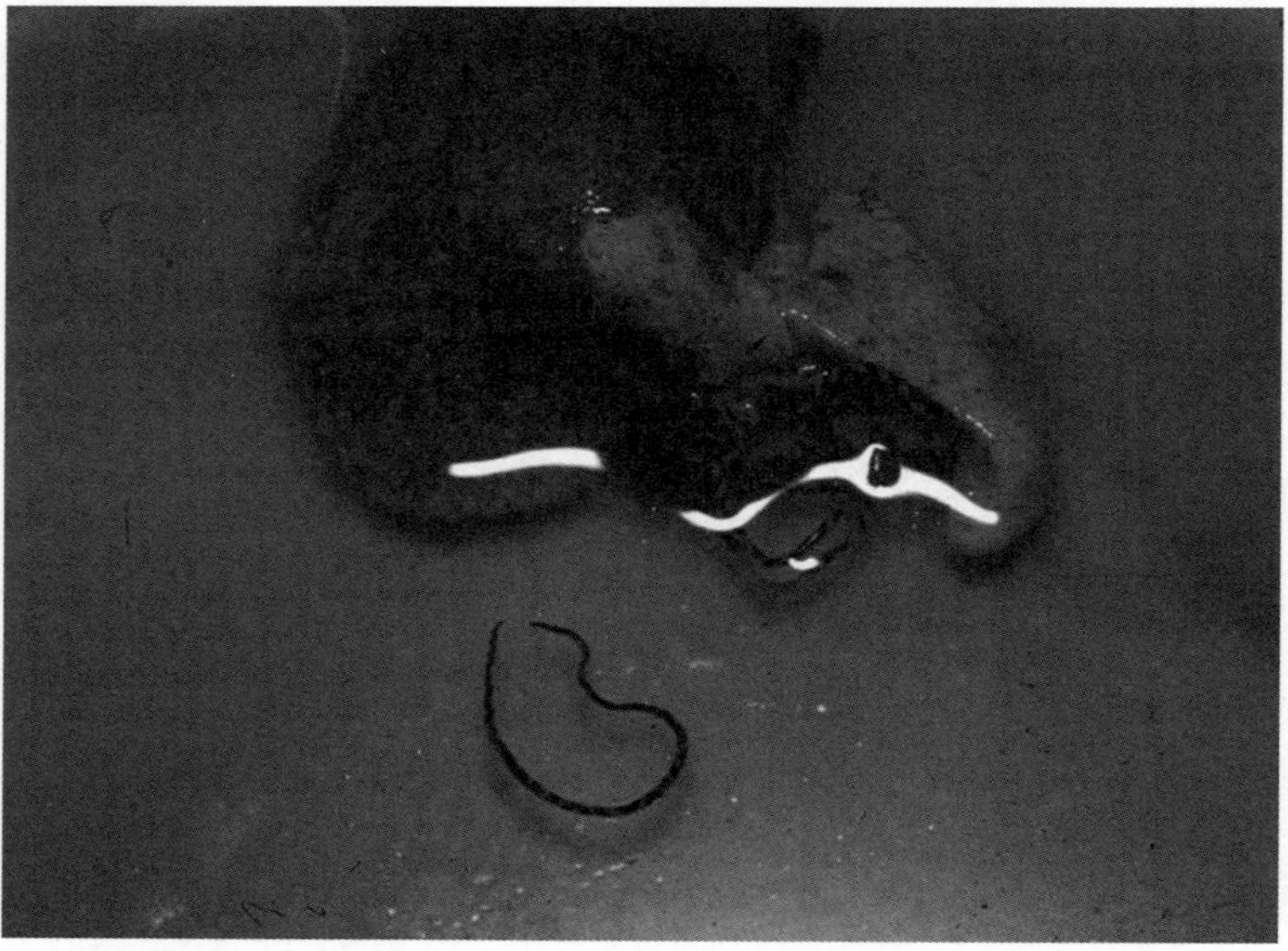

写真４　クマネズミの肺から取り出された広東住血線虫

した。与論島では再調査を実施し、トラップ186個を設置し、クマネズミ19匹が捕獲されました。トラップを設置した6地点中5地点でクマネズミが捕獲され、2匹（11％）から広東住血線虫が検出されました。与論島にはほぼ全域にクマネズミが分布し、広東住血線虫の人体感染が起こる可能性があることが再確認されました。風が当たらない場所ではアフリカマイマイが殻口に白い膜を張って冬眠している個体が存在していました。

沖永良部島ではネズミ類・食虫類はクマネズミ225匹、ドブネズミ6匹、ヨナクニハツカネズミ6匹およびリュウキュウジャコウネズミ6匹の4種243匹について検査し、クマネズミ48匹（21％）とドブネズミ4匹（67％）から広東住血線虫が検出されました。マイマイやナメクジ類は17種1986個体を検査し、アフリカマイマイ7個体（44％）、オキナワウスカワマイマイ6個体（1％）、エラブシュリマイマイ22個体（5％）、アシヒダナメクジ60個体（21％）（写真5）、ヤマナメクジ3個体（8％）、チャコウラナメクジ3個体（14％）から広東住血の線虫3期幼虫が検出されました。48調査区のうちネズミ類からは28調査区で、マイマイやナメクジ類からは28調査区で広東住血線虫が検出され、両者の検査成績を合わせると、48調査区のうち37調査区で広東住血線虫が検出されました。沖永良部島でも与論島と同様に全島的に高濃度で分布・定着していることが分かりました。沖永良部島での調査結果から注目されたのは、アフリカマイマイよりもアシヒダナメクジの感染個体が多く、これら以外のマイマイやナメクジ類からも広東住血の線虫３期幼虫が検出されたことで、小型のマイマイやナメクジ類が生野菜などに付着し、誤って食べられる可能性があることでした。

徳之島、奄美大島および加計呂麻島でも調査を実施しました。調査は徳之島の３町、奄美大島南部、奄美大島名瀬市（現奄美市）および加計呂麻島で、捕獲されたネズミ類・食虫類はクマネズミ、ドブネズミ、リュウキュウジャコ

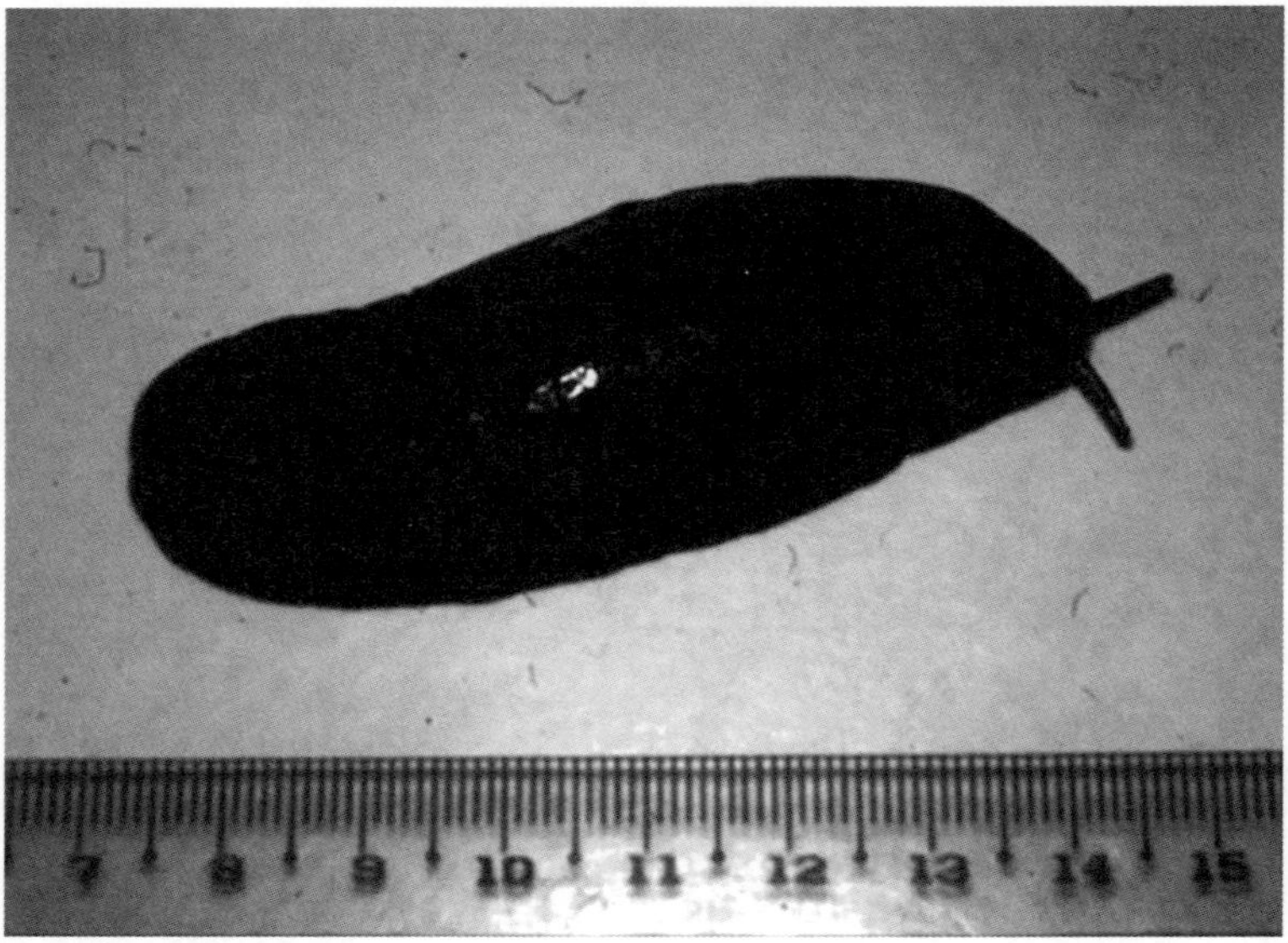

写真５　アシヒダナメクジ（沖永良部島）

ウネズミおよびワタセジネズミの４種でした。これらのうち与論島や沖永良部島で広東住血線虫が検出されたクマネズミとドブネズミについて広東住血線虫の検出を行いました。クマネズミ１６８匹とドブネズミ56匹からは全く広東住血線虫は検出されませんでした。徳之島、奄美大島および加計呂麻島への広東住血線虫の侵入機会は与論島や沖永良部島と同程度にあったと思われたのですが、定着している可能性は少なく、もし定着しているとしてもその流行の程度は非常に低いものと考えられました。

鹿児島市と枕崎市の港湾部で調査を実施しました。鹿児島市の鹿児島新港ではドブネズミ26匹が捕獲され、５匹（19％）から広東住血線虫が検出されました。採集されたチャコウラナメクジ２７９匹を14グループに分けて検査したところ、２グループから広東住血線虫の第３期幼虫が検出されました。鹿児島市の木材団地ではクマネズミ13匹とハツカネズミ４匹が捕獲され、クマネズミ３匹（23％）から広東住血線虫が検出されました。採集されたチャコウラナメクジ１６６匹を14グループに分けて検査したところ、３グループから広東住血線虫の第３期幼虫が検出されました。枕崎市の港湾地域で、ネズミ類はドブネズミ25匹、クマネズミ１匹、ハツカネズミ３匹およびアカネズミ４匹、マイマイやナメクジ類は61匹が捕獲されましたが、広東住血線虫は検出されませんでした。荷物の出入りが多い港湾部は、他の地域から生物が侵入する機会が多いと推測され、鹿児島市の港湾部にも広東住血線虫が侵入・定着したものと考えられました。

Ⅲ　アシマダラブユ

1　ブユ

　ブユは地域によってはブヨやブトとも呼ばれるハエ目、ブユ科の体長約３㎜の微小な吸血昆虫です（写真６）。日本には約70種が知られています。卵は水面あるいは水中の植物や石に、塊状に産みつけられ、約10日間で孵化します。幼虫は急流の石や岩、水に漬かった草や枯れ枝などに体の尾端にある吸盤で自分を固定して、扇状に

写真６　吸虫管で捕えられたアシマダラブユ

広げた無数のひげで水中を流れる餌を摂っています（写真7）。ブユは水のきれいな流れの速い小川に発生するので、山村や高原のキャンプ地や観光地などで被害が発生します。汚染のない場所をもとめて訪れた場所で被害が生じるのですが、これはその場所がいかに素晴らしい環境であることの証拠でもあります。ブユは南米やアフリカでは糸状虫の一種であるオンコセルカ症の媒介者となります。日本では人の寄生虫を媒介することはないのですが、ブユがイノシシの寄生虫を人に感染させた症例

写真7　落葉に付着したアシマダラブユ幼虫

が報告されています。

2　トカラ列島の中之島のブユにまつわる伝説

トカラ列島は鹿児島県の屋久島と奄美大島の間に点在し、有人７島と無人５島で十島村を構成しています。十島村は南北約１６０㎞に及ぶ南北に長い村で、島々は広大な海によって隔絶され、厳しい自然環境にありますが、民俗的には琉球文化と大和文化の接点と言われ、今もなお独持な祭事や郷土芸能が受け継がれています。また、県立自然公園にも指定され、自然生物学的にも温帯と亜熱帯の交差地域とされ、生物の中には、国や県指定の天然記念物も多く含まれています。

トカラ列島の中で最も大きな中之島には人を吸血するブユが生息しており、その激しい吸血行動が住民を苦しめてきました。中之島には海岸から日之出区に向かう途中の道沿いに「与助岩」(重さ40トン、高さ５･６ｍ、幅５･２ｍ）があり、ブユにまつわる伝説〝ヒガシヨスケ〟が残されています(写真８)。人に直接被害を与える害虫に関する伝説は珍しいものです。16世紀の中頃、日向の東与助を頭目とする海賊の一団が、南海の島々を荒らしまわり、島民を苦しめていました。たまりかねた中之島の島民たちは一夜はかりごとをめぐらせ、与助を捕えて焼き殺してしまいました。その死体は２度と生き返らないように、中之島の部落から日之出部落へ向かう坂道の大岩の下に埋めてしまいました。ところが、その亡霊が無数のブユとなって島中を飛びまわり、人々を激しく襲って血を吸う吸血鬼に変身してしまいました。そこで、村の人々はその霊を慰めるべく毎年旧暦七月十四日・十五日、里地区の祭壇に与助への供え物をします。続いて、十五日夜十時〜十一時頃、里地区の大庭にあつまって、与助踊りをします。次いで村の浜に出て、もう一度与助踊りをします。稲垣

写真８　与助岩

尚友（一九七三）の「トカラの地名と民俗（下）」に詳細が記載されており、その記載を資料とし以下に引用しました。

資料：伝説・昔話「ヒガショヨスケ」（稲垣尚友、一九七三）より

盆の十五日の夜、里人は海岸に出て、ヨスケの踊りをする。

昔、天正年間（一五七三）、日向国油津の人、ヒガシヨスケ（東与助）が中之島に上陸した。海賊の一味と思われる彼は、宝島から女を二人、だましてか盗んでかして連れてきた。ヨスケは島人に対して威圧的で、上陸後島の宝物の供出を求めた。ヨスケの猛威は島の者には手に余り、ある日島人が一計を図ってヨスケを討つことにした。

当日、島人はヨスケに「宝の隠し場所に案内する」と言って誘い出して、終日山中を引き連回した。セツ山の大木崎というところは熔岩で出来た大穴がいくつもあり、岩だらけの非常に険しいところである。そこを一日中歩いて、ヨスケを疲労困憊せしめた。ヨスケは「ここは（この島は）随分用心深いところじゃ」と嘆息したという。

そして、最後に「あの家に宝物があります」と島人はヨスケに告げた。その家は、あら

かじめ島人が造って用意しておいたものである。今のアマグシキの上のオトシという所にあった。ここは周囲を崖に囲まれた、出入りの自由にならないところである。

ヨスケは先に立って家に入った。その時、連れの女のうち一人はヨスケの尻からついて、行ったが残り一人は島人の手招きで立ち止まって、その場を離れた。そして、次の瞬間四方八方から火をつけてヨスケを焼き殺した。一人の女は助かったが、尻からついていった女はヨスケと共に焼死した。

ヨスケの焼けた後の灰は、ブト（蚋）に変じたという。「だからブトは人をこんなにまで噛むのじゃ」といわれている。

それ以来、毎夏の盆の十五夜にはヨスケを弔って、ヨスケの踊りを舞う。そうしないとヨスケの妄念が治まらない 木や農作物にも害虫がついて被害を受けるという。

踊りの型は今に変わらず受け継がれているという。

はじめ、里のオーニワで一時間程歌う。十五日の晩には、海の潮際まで行って歌う。ヨスケの妄念を海に流し、島から追い出すのである。

日向ヨスケが寄せ来うなあば
えんしゆ魚にだごや知る

それを嫌わずまた来うなあぱ

首に刀は引出物

と間を置きつつ歌い続けるのである。

今から十年程前（昭和四八年当時）までは、切替畑に植える夏粟に害虫（やとう虫）が発生した折など、部落総出で害虫駆除の祈祷をした。その時には、決まってヨスケの唄を歌うのである。

祈祷は部落全体、一日がかりでする。粟畑の中にセガキといって簡単な棚を造り、それにテラで作った札を飾る。飯を炊き、その中に粟についている虫を10～20匹入れて供える。その周囲を青年衆が取り囲んでヨスケの唄をうたい回るのである。盆の踊の時は太鼓と鐘をたたくが、この祈祷の折は鐘のみ用意する。

その後、海岸に行って、御神酒をあげ、虫が食べている飯を海に投げ込むのである。投げ込む位置は、大方決まっていて、今の西区の温泉場より西の方へ投げに行った。神社が東の方にあるし、またシオバナ（潮花）を取って上げる神石も東の方にあるからである。

田畑のみでなく、里に虫が出た時も同様にした。戦前まで盛んに行なっていて、年に何10回も繰返して祈祷したこともあった。ここ十年程は行なわれていない。

3　中之島と口之島のブユ

南西諸島におけるブユの分布調査は当時鹿児島大学医学部の医動物学教室に所属していた高岡宏行によって実施され、新種を含む18種が分布することが報告されました。十島村の7有人島のうちブユが生息するのは口之島と中之島だけです。他の島にはブユの生息に適した川がないために、ブユは生息していません。

中之島にはヒロシマツノマユブユ、モリソノツノマユブユ、トカラツノマユブユそれにアシマダラブユの4種類が生息し、そのうちの2種、モリソノツノマユブユとトカラツノマユブユは本島特有の種で、一九七三年に高岡によって新種として記載されました。これらの4種のうち人を吸血するのはアシマダラブユのみです（写真1（前掲））。アシマダラブユは日本各地に生息するのですが、特に中之島や奄美大島では激しく人を襲い、蚊に刺された場合とは比較にならないひどい症状が現れます。ブユは吸血の際に口器で皮膚を切り裂くので、多少の痛みを伴い、中心に赤い出血点や流血が生じ、人によっては水泡ができます。吸血の際に唾液腺から毒素を注入することから、吸血直後はあまりかゆみを感じないのですが、翌日以降に直径数センチの発赤腫脹が生じ、激しい痒みや疼痛、発熱の症状が1～2週間程続きます（写真9）。

口之島には2種、ヒロシマツノマユブユとアシマダラブユが生息することが高岡によって報告されています。私の二〇〇七年五月の調査ではこれら2種以外にモリソノツノマユブユが採集されました。

4　中之島のブユ対策

当時長崎大学熱帯医学研究所の鈴木博を代表とした研究「トカラ列島の医動物学的研究」が

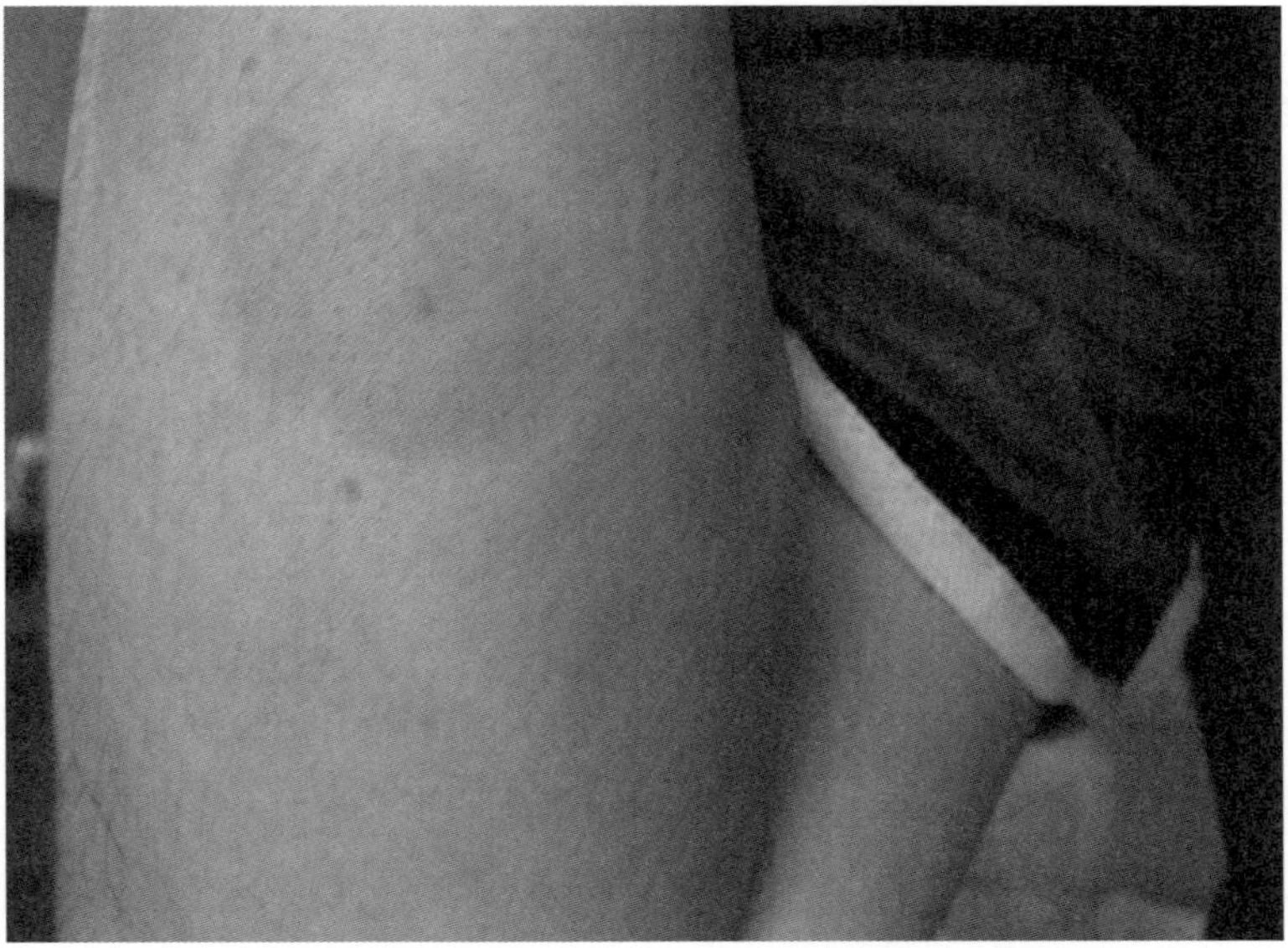

写真9　アシマダラブユの刺咬による赤発腫脹（筆者の被害）

一九八一年と一九八二年に実施されました。この研究で鈴木らは中之島のブユ生息状況の詳細な調査を実施し、一九八二年に殺虫剤アベイト5％水和剤を使った駆除試験を実施しました。当時の様子は鈴木の著書「熱帯の風と人と―医動物のフィールドから―」に記載されており、生息数の多さに関して『佃煮にできるほどのブユ幼虫を採集した。』、同行者が激しいブユの刺咬を受けた様子として『片方の目の周囲が刺されている。脚もあちこち赤く腫れ上がっている。間もなく片目はお岩さんのように腫れてふさがってしまった。』とあります。駆除試験の結果、飛来する成虫数と川に生息する幼虫数が激減し、住民のアンケート調査でも著しい効果が確認されました（図2・3）。

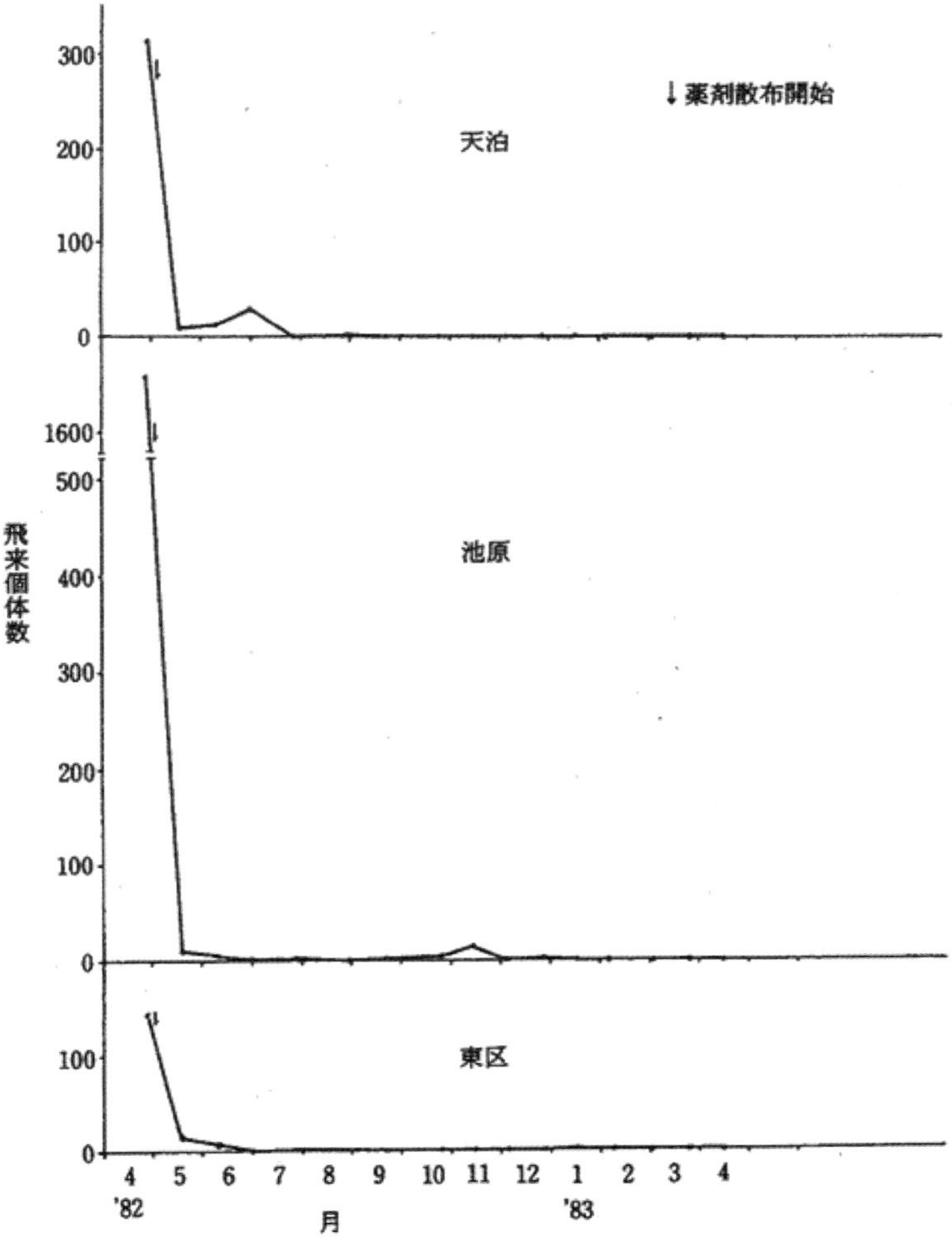

図２　殺虫剤投入前後の飛来ブヨ個体数

（捕虫網と吸虫管による３時間採集）(鈴木 (1983) より引用)

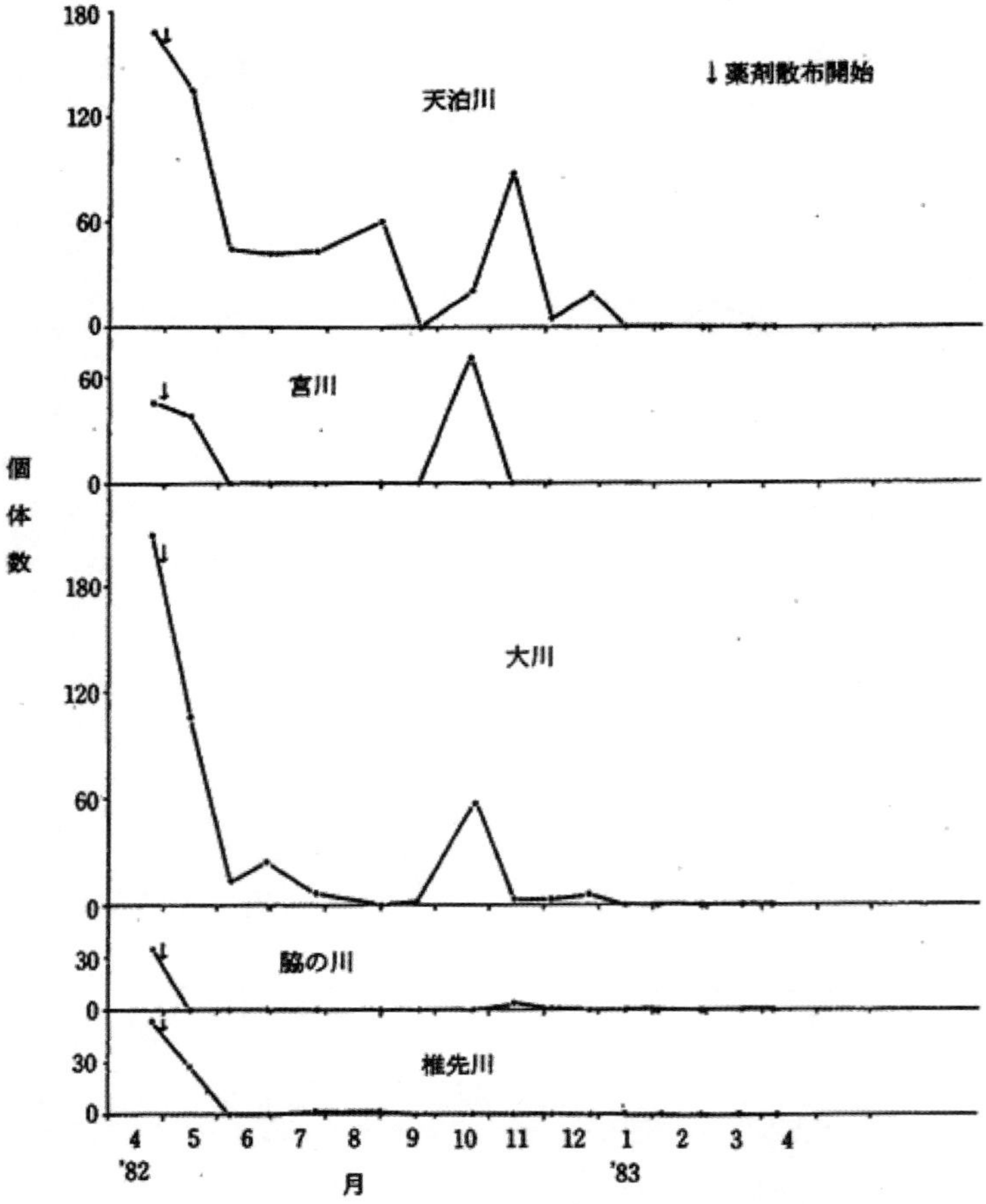

図 3　殺虫剤投入前後のブヨ幼虫個体数
（ピンセットによる 10 分間採集）(鈴木 (1983) より引用)

ブユが生息する場所は山間部の急流であることから、殺虫剤の投入のための作業は急傾斜の岩だらけの沢を登りながらの過酷なものになります（写真10）。川に投入した殺虫剤は、流に落葉や小枝が堆積していたり、流れがとぎれて伏流となると吸着され、その効果が急激に低下してしまいます。また、川の途中に大きなプールがあると、殺虫剤の濃度が急激に低下し、その下流では効果がなくなってしまいます。また季節により、川の水量の変化や上流部の状況が変化しますので、投入地点だけで

写真 10　ブユ幼虫が生息する急流

なく川の状況を把握して、その変化に対応しなければなりません。駆除試験後も、十島村役場によって、ブユ駆除のために幼虫が生息する川の50地点以上に、3～4週間の間隔で殺虫剤が投入され、ブユによる刺咬被害はかなり減少しています（写真11）。しかし、長期間使用している殺虫剤の効果評価が行われおらず、さらに住民からブユの被害に関する訴えが出ていました。私はこのような状況から、二〇〇七年よりブユの生息状況の調査を始め、殺虫剤の使用に関して助言を行っています。

殺虫剤を製造販売している会社が

写真11　殺虫剤の投入作業

二〇〇五年に、これまでブユ幼虫対策として使用してきた殺虫剤のテメホス原体の輸入を打ち切り、新たな製品製造を中止しました。そのために、製品在庫がなくなった二〇〇九年以降アベイト５%水和剤を購入できなくなりました。他の生物に対する影響が少なく使いやすい殺虫剤でしたが、営業上の理由でアベイト５%水和剤の供給を停止されました。そのために、デメリン水和剤25%を使うことになりました。以前の殺虫剤の投入地点は58ヶ所でしたが、殺虫剤の購入価格の上昇のために、投入地点は48ヶ所になっています。二〇〇七年四・五月に実施した広範囲の調査では、これまでに報告されていたブユ４種が採集されました。トカラツノマユブユが58地点中36地点、モリソノツノマユブユが９地点、ヒロシマツノマユブユが１地点、そして人に被害を与えるアシマダラブユが4地点で採集されました。

これまで長期間続けてきた殺虫剤の投入は顕著なブユ刺咬の被害低下をもたらしました。しかし、現在もまだその被害は続いており見過ごすことができない問題となっています。ブユ幼虫対策は十島村では中之島以外に口之島や三島村の黒島で実施されています。住民だけでなく、業務や観光で訪れる人からもブユ被害に関する苦情が寄せられており、今後も殺虫剤投入の効果評価を行い、適切な殺虫剤投入を続けていく必要があります。

Ⅳ　トクナガクロヌカカ

1　ヌカカ

ヌカカは漢字では糠蚊と書きます、糠のように小さな飛ぶ虫という意味ですが、蚊とは全く異なる昆虫です。ヌカカはハエ目、ヌカカ科の体長約２㎜の微小昆虫で、困ったことに防虫網や蚊帳の目をくぐり抜けることができるのです。世界では約80属、４０００種が知られ、日本には約15属２００種が生息しています。ヌカカの卵は水辺の草や石に卵塊として産みつけられ、およそ３～７日で孵化し、幼虫は小さな蛆に似て、湿地の土の中に生育します。ニワトリヌカカが鶏ロイコチトゾーン症を媒介することが知られていますが、蚊のように人の病気を媒介することが少なく、小型であまり目立たないことから、軽視されがちです。代表的な種類としてはホシヌカカ、ミヤマヌカカ、ヌノメモグリヌカカ、ニワトリヌカカ、イソヌカカ、トクナガクロヌカカなどです。ヌカカの刺咬を防ぐ方法は、肌の露出を少なくするために長袖シャツと長ズボンを着用し、露出部へは防虫忌避剤をスプレーすることです。

2　トクナガクロヌカカ

トクナガクロヌカカは本州や北海道に分布し、海岸近くに生息します。奄美大島の嘉徳で人の被害が発生したトクナガクロヌカカは高岡宏行らによって本種の新亜種として記載されました（写真12）。本種は海岸付近で人を吸血し、刺されると激しい痒みがおこり、赤発腫脹を生じます（写真13）。トクナガクロヌカカの発生時期には人を襲う個体数がとても多く、人々の行動にも影響を与えます。最近、相次いで奄美大島北部や加計呂麻島からトクナガクロヌカカ

写真 12　捕虫網で捕えられたトクナガクロヌカカ

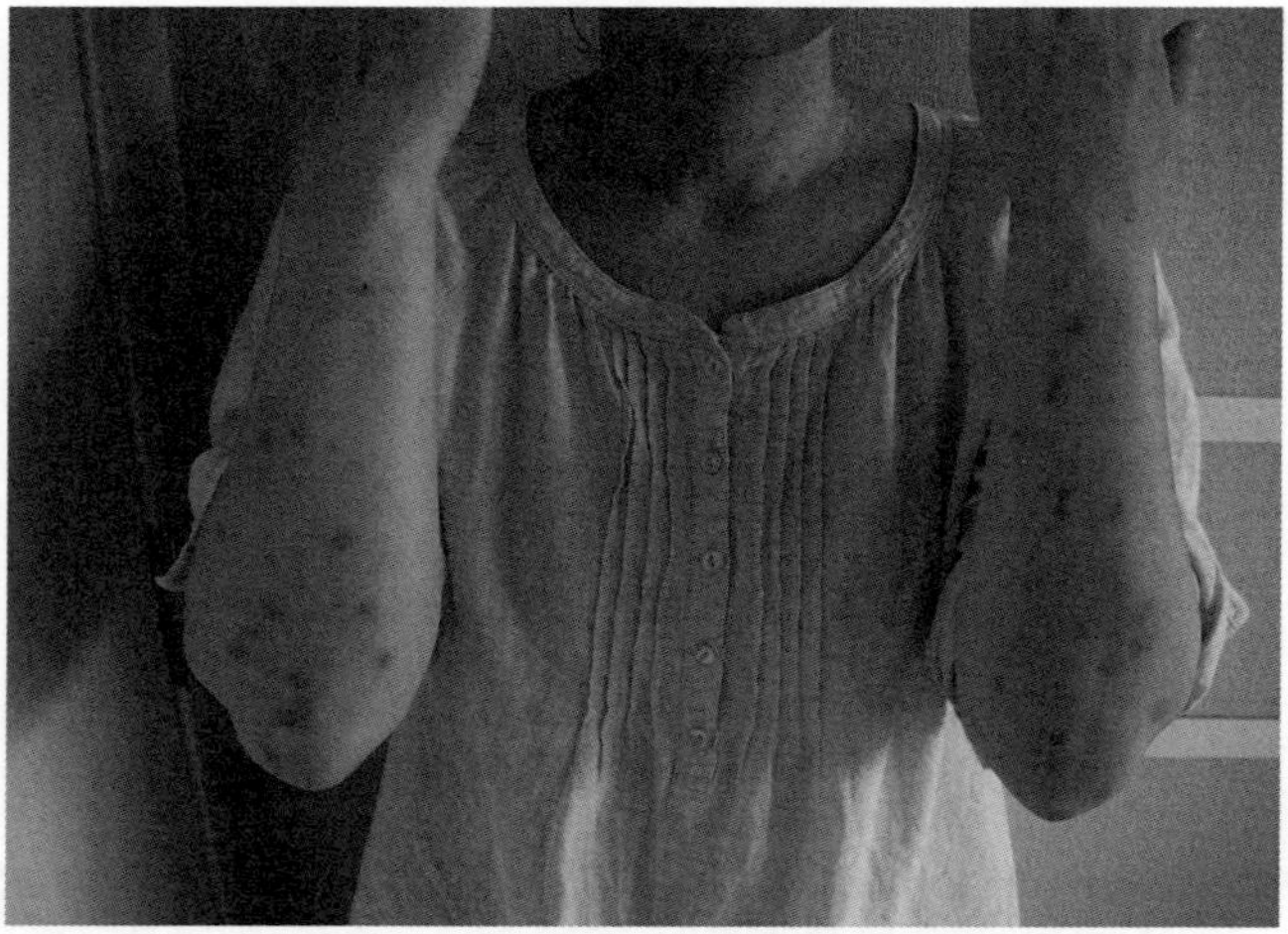

写真 13　トクナガクロヌカカによる刺咬被害

写真 14　トクナガクロヌカカの生息地の嘉徳

による住民被害についての相談が寄せられています。

3　嘉徳地区での発生状況

トクナガクロヌカカの生態調査を奄美大島南部に位置する瀬戸内町の嘉徳で実施しました。嘉徳では、南東に開いた湾の奥に集落があり、後背は急峻な森になっており、集落と海岸の間にモクマオの防風林が広がっています（写真14）。

トクナガクロヌカカの幼虫が生息する場所を把握する目的で、集落内の27ヶ所で地表の土壌サンプル４・５ℓ（30㎝×30㎝×深さ５㎝）を採集しました（図４）。サンプルの土質は砂、粘土、ローム（有機物質を含む肥沃な土壌）などでした。採集したサンプルは飽和食塩水に入れ、表面に浮遊してくるものを網ですくい、水の入った容器に移し、実態顕微鏡下で幼虫や蛹を分離しました。幼虫や蛹が検出されたのは27ヶ所中11ヶ所で、防風林に隣接するチガヤの草地（砂地）とモクマオの防風林内（砂地）でした（表１）。また、サンプルを０～２㎝、２～５㎝、５～10㎝および10～15㎝に分けて採集すると、幼虫や蛹の大部分は０～２㎝の浅い部分に生息していました。トクナガクロヌカカの幼虫は海岸の草地や防風林内の砂地の浅い部分に生息し、そこで蛹、成虫となり、海岸部で吸血のために人を襲っていることが分かりました。

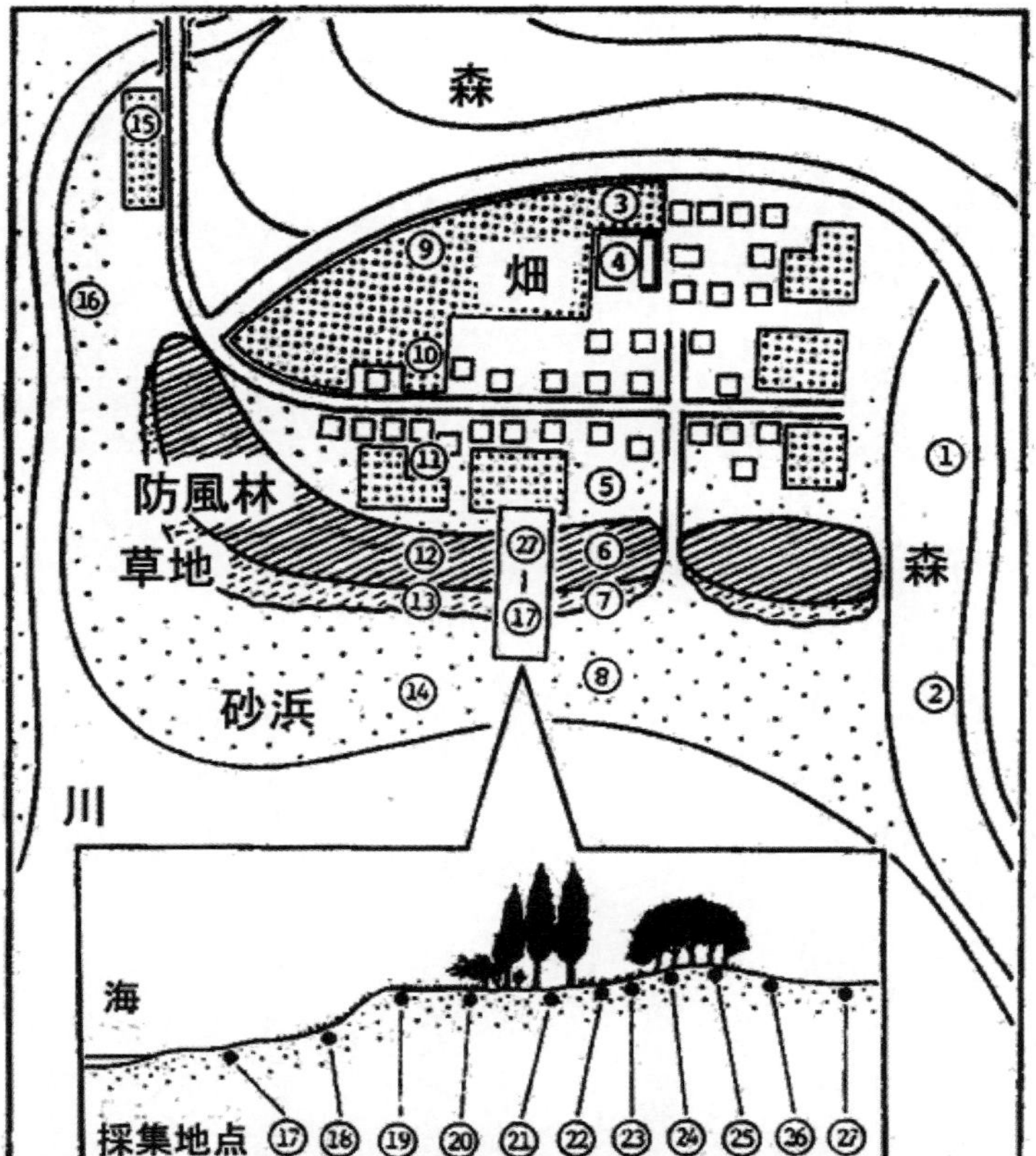

図４　トクナガクロヌカカ調査のサンプル採集地点

採集場所	性状	採集個体数	
		幼虫	蛹
1	粘土		
2	粘土		
3	粘土		
4	砂・ローム		
5	砂		
6	砂	8	
7	砂	40	24
8	砂		
9	粘土		
10	砂・ローム	1	
11	砂		
12	砂	1	
13	砂	6	4
14	砂		
15	粘土		
16	砂		
17	砂		
18	砂		
19	砂		5
20	砂	5	14
21	砂	1	4
22	砂		
23	砂		
24	砂・クローム	1	4
25	砂・クローム	1	3
26	砂		1
27	砂		1

表１　採集された幼虫と蛹の個数体

トクナガクロヌカカの成虫の季節消長を把握するために、２台のライトトラップ（紫外線ライトに集まった虫を吸い込んで採集する装置）を採集場所番号４と11の家屋の軒下、地上１メートルの高さに設置しました。毎月１～２回、連続した３日間、夕方17時から朝９時までライトトラップを作動させて、飛来する昆虫類を採集しました。トラップの袋内に入った昆虫類から実体顕微鏡下でトクナガクロヌカカを選別して個体数を計数しました。一九八〇年には四月から八月に採集され、四月中旬に、一九八一年には三月から七月に採集され、四月中旬から五月上旬に明瞭なピークが見られました。

トクナガクロヌカカの日周活動を把握するために、採集場所番号7で人に飛来する成虫を吸虫管で10分間の採集を行いました。調査日は朝から小雨、途中九時頃は強雨となり、その後は曇りで一時陽が射す天気でした。夜明け後七～八時にピークに達し、その後低下し、十七～十八時に再びピークが見られました。成虫が吸血に飛来する活動には朝夕に明瞭な2峰性のピークが認められましが、昼間にも飛来しました。

4　加計呂間島での発生状況

最近、奄美大島北部や加計呂麻島からトクナガクロヌカカによる住民被害について、相次いで相談が寄せられたことから、トクナガクロヌカカの発生状況の把握を目的として、加計呂間島で二〇一一年四月に現地調査を実施しました。加計呂麻島では服の中に潜り込んで吸血することから「エッチ虫」や「スベ」と呼ばれています。住民からの聞き取りでは加計呂麻島では三月末から五月の連休頃に発生のピークがあり、ほとんどの集落で吸血の被害が発生しているということでした。

被害が甚大な諸鈍の海岸で幼虫の生息場所を確認するために、6ヶ所で土壌サンプルを採取しました。採集したサンプルは研究室に持ち帰り、飽和食塩水に入れ、表面に浮いてくる幼虫や蛹の検出をおこないました。蛹が回収されたのは海岸と住宅の間にあるハマボウやアダンの林内で採取された2サンプルからで、海側の草のない場所、短い草に覆われた場所、護岸が作られている下部とその上部の4サンプルからは見つかりませんでした。吸虫管を使って、朝・昼・夕に人に飛来する成虫を10分間採集したところ、朝に最も多くの成虫が採集され、昼間や夕方にも採集されました。今回の調査で、トクナガクロヌカカの幼虫の生息場所は海岸付近のハマボウやアダンの林内の砂地であることが分かりました（写真15）。加計呂麻島ではほぼ全集落でトクナガクロヌカカの発生がみられ、嘉徳集落と同様の地形が存在していました。しかし、トクナガクロヌカカの被害が全くでていない地区が2ヶ所ありました。これらは須子茂と西阿室で、海岸が狭く護岸のすぐ上に道路があり、トクナガクロヌカカの生息に適した場所が存在していませんでした。

写真 15　諸鈍の海岸近くのトクナガクロヌカカ幼虫の生息場所

V　おわりに

日本では寄生虫病は少なくなり、それにともなって寄生虫の研究者も減って〝絶滅危惧種〟のような状況になってしまいました。一生懸命な努力の結果がこうなってしまいました。世界を見ると、地球の人口の約半分が何らかの寄生虫に感染しています。現在でも、発展途上国では寄生虫病が重要な公衆衛生上の問題になっており、日本の貢献が期待されています。私はこれまで海外でも寄生虫病の調査研究や対策に関わってきました。アフリカや中南米で失明の原因となるオンコセルカ症と媒介ブユの調査をグアテマラとベネズエラで実施しました。国際協力機構（JICA）がケニアで実施した感染症対策プロジェクトに参加し、ビルハルツ住血吸虫の疫学調査と対策、特に住民治療、安全水の供給、中間宿主貝の駆除に従事しました。発展が著しいベトナムで腸管寄生虫（回虫・鉤虫・鞭虫など）の疫学調査と対策を実施しました。ミクロネシア連邦の4州でデング熱を媒介する蚊の分布調査を実施し、デング熱対策に有用な情報の提供を行いました。海外での活動でどんなことが大変ですかと聞かれることがあるのですが、ほとんどありませんでした。あるとすれば、日本に戻りたくなることかもしれません。私の知っている寄生虫研究者は日本に帰る飛行機に乗ると不整脈が出ると話しておられました。海外にいる時は、大学での会議や雑用に追われることなく、好きな研究に没頭することができます。また、普通の観光旅行では知ることができない実際の生活に触れることができ、珍しい料理も味わうことができます。一緒に調査研究を行うことで、同じ分野の友人もできます。

鹿児島県と関係する研究は本書に紹介した以外に、畜産業に伴って発生した人のブタ回虫症や肝蛭《かんてつ》症の確認や疫学調査を実施しました。鹿児島県はツツガムシ病と日本紅斑熱の多発地域となっていることから、これらの病気を媒介するツツガムシやダニの種類を明らかにしました。また、最近問題となっている重症熱性血小板減少症候群（ＳＦＴＳ）[3]の媒介者であるダニ類の分布調査を実施しています。野山を駆け回って病気を媒介する犯人を追いかけるのは、推理小説の謎解きのような楽しさがあります。

現在でも寄生虫や衛生動物に関する相談が毎年数十件あります。日本の医学部では寄生虫学教室が姿を消し、感染症の中でも寄生虫に対する対応が難しくなってきています。世界の人の動き

---

[3] 二〇一一年に初めて特定された新しいウイルス（SFTSウイルス）に感染することによって引き起こされる病気。主な症状は発熱と消化器症状で、重症化し、死亡することもある。

や物の流れが活発になり、何事もグローバルな考えを必要とする時代になりました。地球温暖化や異常気象の問題もあり、個人が寄生虫を含む感染症に関する知識を持ち、対応の仕方を個人で身につけることが必要になってきたように思われます。

VI　参考文献

広東住血線虫とアフリカマイマイ

Matayoshi, S., Noda, S. and Sato. A. (1987) : Observations on the life history of Achatina fulica, an intermediate host of *Angiostrongylus cantonensis*, in the Amami Island. Japanese Journal of Sanitary Zoology, 38:297-301.

野田伸一、佐藤淳夫、野島尚武、渡辺（湯山）洋介、川畑紀彦、又吉盛健（1982）：奄美諸島における広東住虫線虫の調査．2．沖泳良部島における分布について．寄生虫学雑誌．31：329-337.

野田伸一、内川隆一、又吉盛健、佐藤淳夫（1985）：奄美諸島における広東住虫線虫の調査．3．徳之島・奄美大島および加計呂麻島における分布について．寄生虫学雑誌．34：17-20.

Noda, S., Uchikawa, R. and Sato, A.（1987）: A Survey of *Angiostrongylus cantonesis* in the Port Side Areas of Kagoshma City and Makurazaki City, Kagoshima Prefecture. Japanese Journal of Parasitology, 36:100-102.

野田伸一（2005）：与論島における広東住血線虫の調査．南太平洋海域調査研究報告．No,42.62-63

佐藤淳夫、野田伸一、野島尚武、湯山洋介、川畑紀彦、又吉盛健（1980）：奄美諸島における広東住虫線虫の調査　1．与論島における分布について．寄生虫学雑誌．29：383-391.

ブユ

稲垣尚友（1973）：トカラの地名と民俗（下）．ボンエ房．

長嶋俊介、福澄孝博、木下紀正、升屋正人（2009）：日本一長い村トカラ．梓書院．

鈴木　博（1983）：トカラ列島の医動物学的研究．昭和 57 年度科学研究費補助金（試験研究Ｉ）研究成果報告書．

鈴木　博（1992）：熱帯の風と人と―医動物のフィールドから―．新宿書房．

Takaoka, H. and Takahasi, H.（1977）"Black flies." Animals of medical importance in the Nansei Islands in Japan.Shinjuku Shobo.

トクナガクロヌカカ

Matayoshi, S., Noda, S.and Sato, A. (1985): Ecological study of *Leptoconopus* (*Leptoconopus*) *nipponensis oshimaensis* (Diptera, Ceratopogonidae) at Katoku, Amami-oshima Island, Japan. Japanese Journal of Sanitary Zoology, 36:219-225.

長花操、吉田幸雄、島谷敏男、西田弘、初鹿了（1959）：トクナガクロヌカカ *Leptoconopus nipponensis* Tokunagaの地理的分布と人吸血性について．米子医学雑誌.10：207-208.

Takaoka, H. and Hayashi, Y.（1977）: A new subspecies of the genus *Leptoconopus* from Amami-oshima, Japan (Ceratopogonidae; Diptera). Japanese Journal of Sanitary Zoology, 28:385-388.

Tokunaga, M. (1937): Sandflies (Ceratopogonidae, Diptera) from Japan. Tenthredo, 1:233-338.

野田伸一（のだ　しんいち）

[著者略歴]

1948 年生まれ。
1977 年九州大学理学研究科博士課程生物学専攻修了後、鹿児島大学医学部医動物学教室・国際島嶼教育研究センターで寄生虫・衛生動物の教育・研究を担当。
鹿児島大学名誉教授・医学博士・理学博士。

鹿児島大学島嶼研ブックレット　No.1

鹿児島の離島のおじゃま虫

2015 年 3 月　1 日　第 1 版第 1 刷発行
2015 年 6 月 30 日　　〃　第 2 刷　〃

著　者　野田　伸一
発行者　鹿児島大学国際島嶼教育研究センター
発行所　北斗書房
〒132-0024　東京都江戸川区一之江 8 の 3 の 2（MMビル）
電話 03-3674-5241　FAX03-3674-5244
URL　http://www.gyokyo.co.jp

定価は表紙に表示してあります

ISBN978-4-89290-030-3 C0045